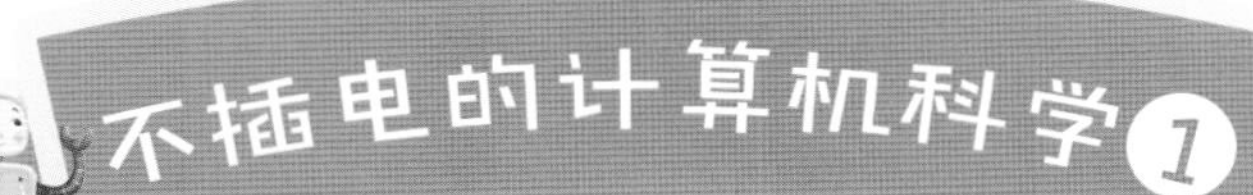

空间不够了，怎么办？

倪伟 著　周婕 马丹红 绘

中国科学技术大学出版社

一天清晨，尼可将军刚刚起床，士兵就匆匆忙忙前来报告："尊敬的将军，城堡里面'人'满为患，快装不下了！"

尼可将军笑着说道:“别担心！在计算机王国里,你们其实都是数据宝宝,是可以被压缩的！我会使用压缩魔法哦！”

看到大家很吃惊，尼可将军接着说道："比如，4个相同的'0小胖'站在一起，压缩后我保留1个'0小胖'和他连续出现的次数4即可，这是压缩魔法里面的游程编码法。当然，表示次数4也得用前面提到的转换，4在计算机王国里面用100表示！"

说完，尼可将军使用了压缩魔法！

神奇的一幕出现了，城堡里又有了很多空位！

在计算机王国里，压缩主要是为了减小数据大小以节省保存的空间和传输的时间。

1 - 1
3 - 11
4 - 100
8- 1000

小朋友们，生活中同样也存在压缩魔法哦！

虽然有的地方用到的压缩原理和方法与计算机应用的不太一样，但压缩的目的是一样的。

今天是周六，早饭后，定定正准备出门玩。“定定！过来帮帮妈妈！”妈妈叫住了定定。

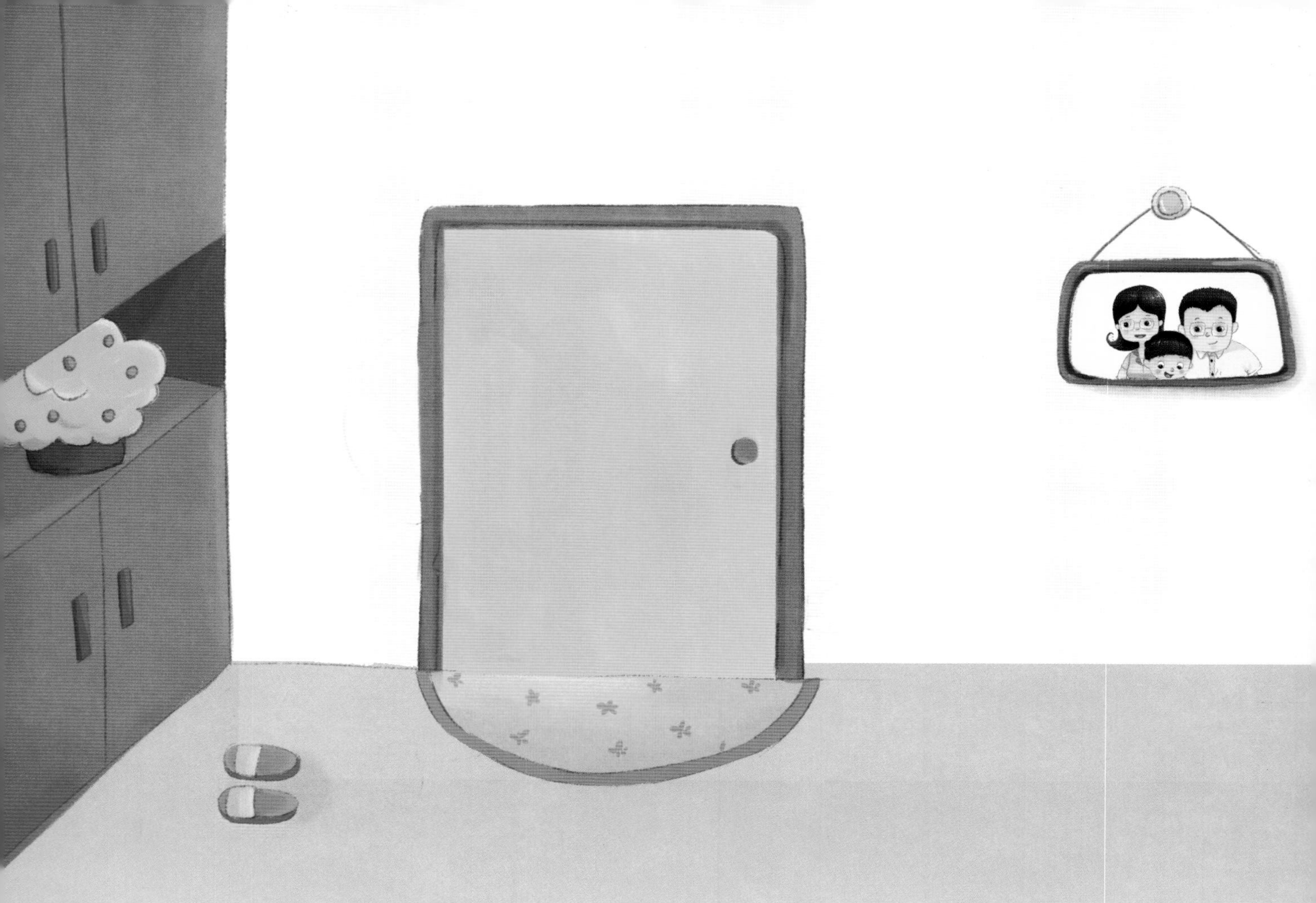

“春天来了，厚的棉被用不上了，来帮妈妈一起把棉被装进收纳袋里！”妈妈笑着说。定定爽快地答应了，他们一起把棉被塞进了收纳袋，并拉上了拉链。

“下面，我们要开始表演压缩魔法了！”妈妈神秘地说道。

定定瞪大了眼睛，只见妈妈用一个抽气泵对准了袋子上的气嘴，并不停地拉动抽气泵，袋子里的空气越来越少，棉被越来越薄，棉被被压缩了！

这种收纳棉被的方法属于挤压式的压缩方法，生活中还有其他更贴近计算机中压缩的场景。

春天到了，周末幼儿园组织了春游，大家在公园里玩得可高兴了。

突然，定定发现了远处长条椅旁边的秘密："大家快来看啊！"

哇！长条椅旁边摆放了很多漂亮的鲜花盆栽。小朋友们纷纷围了过来，谢园长和郭园长也过来了。

郭园长问道："小朋友们，大家知道这些是什么花吗？"大家回答道："这盆是栀子花，这盆也是栀子花，这盆是月季……那盆是郁金香！"

一旁的谢园长笑着说："真棒！只是老师觉得你们描述得还不够简洁，有谁能把刚才所说的话'压缩'一下？"

“我！我！我能！”大家纷纷举起了手！

听了小朋友们的回答，谢园长说："大家回答得都很棒！我来再'压缩'一下，我们可以这样说，从左向右，依次是两盆栀子花、三盆月季和三盆郁金香。"小朋友们纷纷点头。

2

3

周一，龙老师借助计算机和投影仪向小朋友们分享周末春游的视频和图片。

小朋友们一边听老师讲，一边看着屏幕回忆着春游中快乐的事情，开心极了。

分享结束，有个小朋友问："老师，照片和视频可以分享给爸爸妈妈看吗？"龙老师笑着回答："没问题！我马上传到班级QQ群里，不过它们占用的空间太大了，我得先用压缩魔法处理一下！"

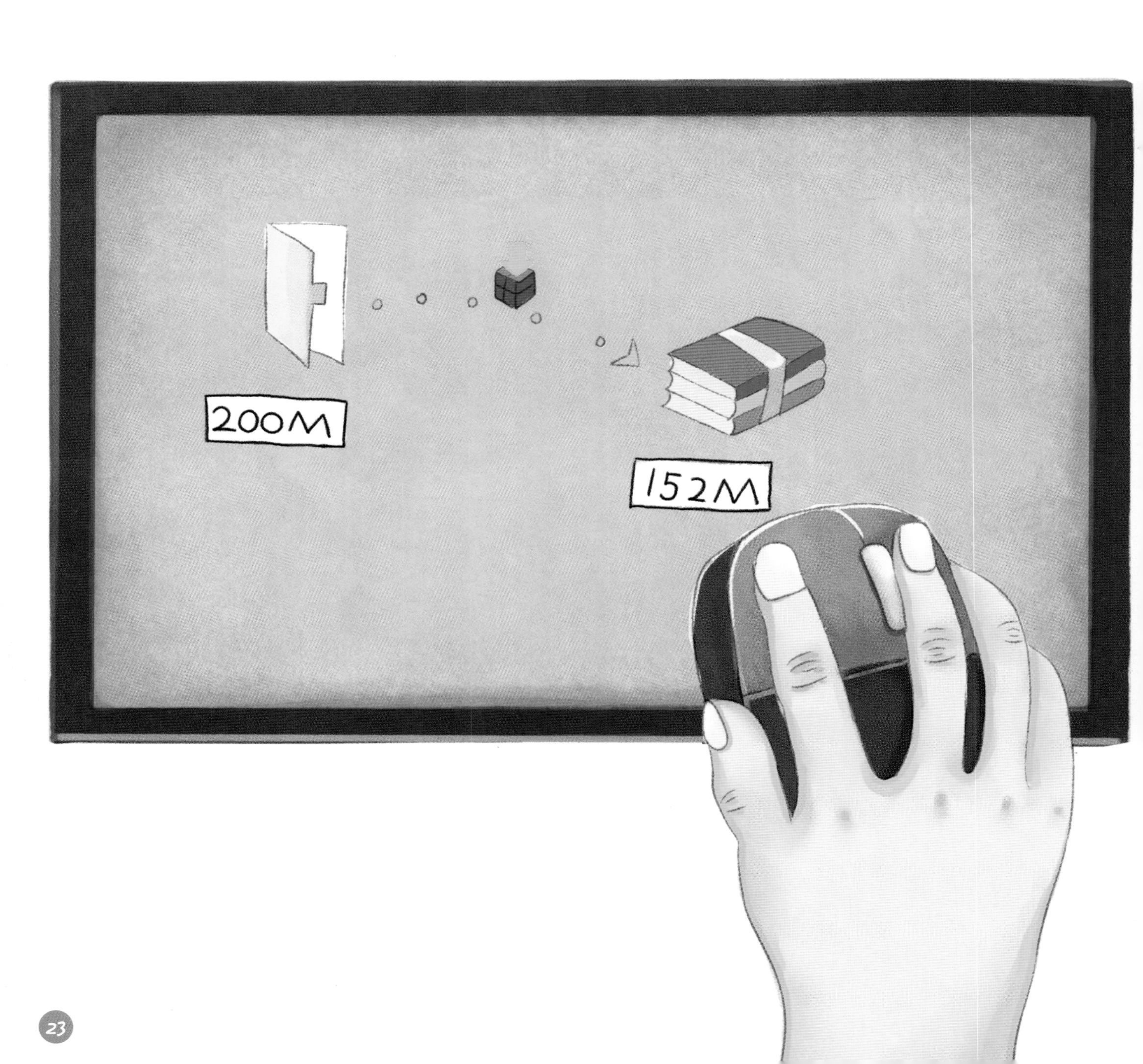

“我用的压缩魔法其实是借助一个压缩软件完成的，看好了！”龙老师说完，用鼠标点两三下就操作完了。太神奇了！照片和视频文件真的变小了，小朋友们都惊呆了！

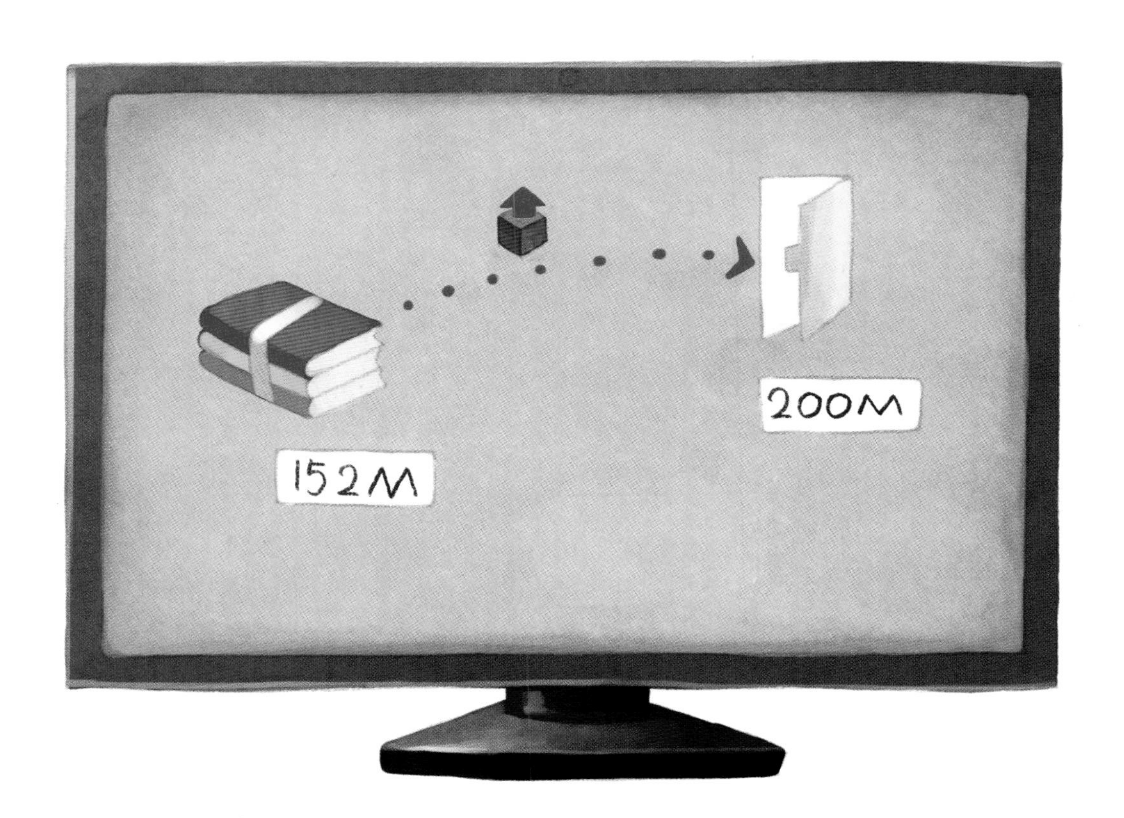

定定回家后，爸爸下载了老师分享的照片和视频文件。“看好了！现在开始还原！”爸爸边说边操作，果然照片和视频都被还原了，定定惊讶极了！

爸爸接着说：“对于压缩后的文件，我们同样可利用压缩软件将它们还原，这叫解压缩，正因为可以还原成和原来一模一样，所以龙老师采用的压缩过程属于无损压缩。”

“无……无损压缩，难道压缩后还会造成有损失的情况吗？”定定来了兴趣。

“问得好！压缩软件一般都支持文件的无损压缩，是可以通过解压缩将其还原的。但对于图片、视频、音频文件格式的压缩通常属于有损压缩。”爸爸回答道。

“比如，网上的动画片通常会有标清、高清等不同的视频格式，同一部片子，我们由高清转为标清，画面内容没变化，但画质效果却变差了，由高清视频到标清视频的文件格式转换就属于有损压缩。”爸爸继续解释道。

小朋友们，关于压缩还有很多知识等着你们今后进一步学习。现在，大家都明白了：在计算机王国里当存储空间紧张、网络传输时间过长时，我们便需要对数据或者文件进行压缩。

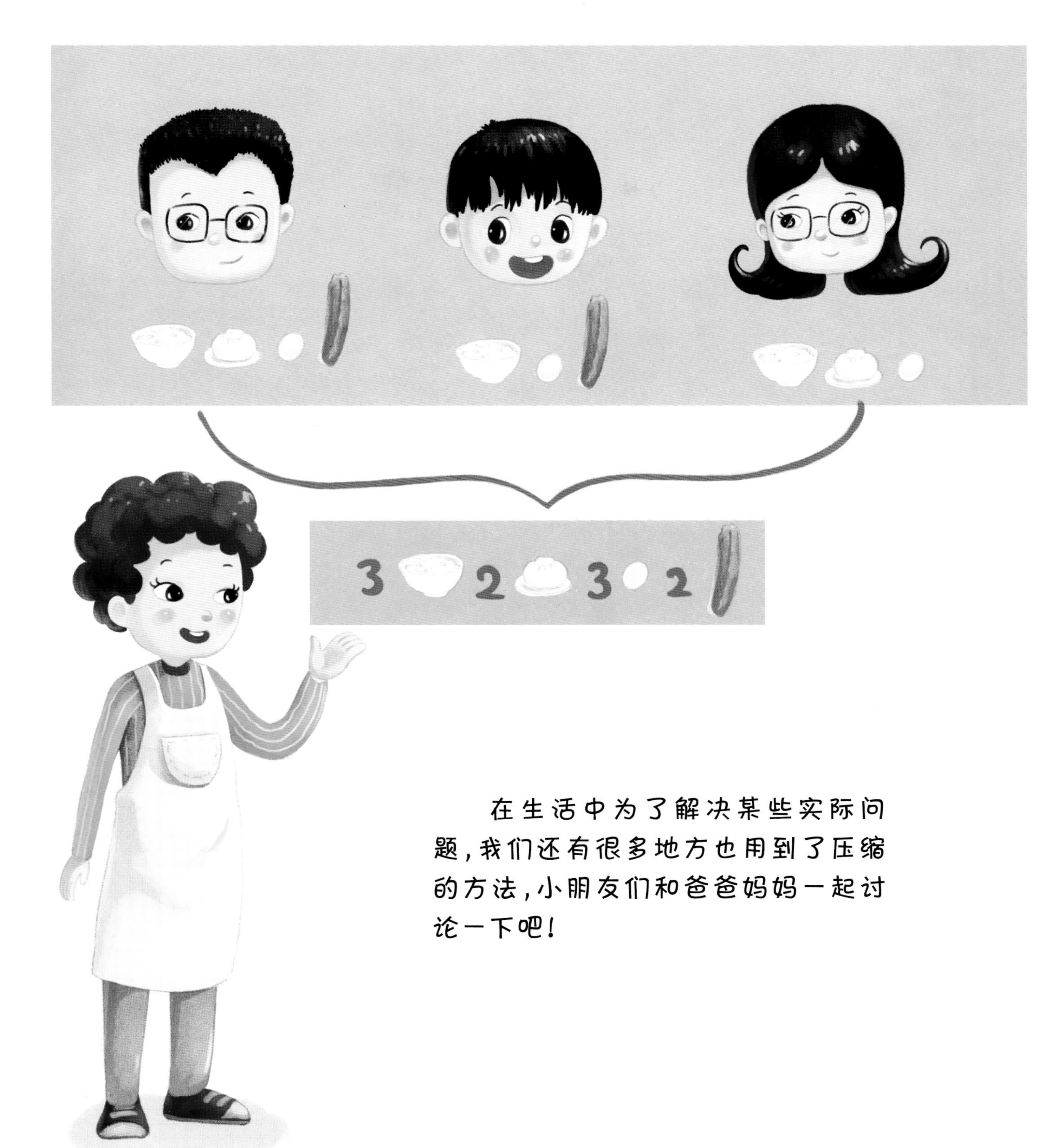

在生活中为了解决某些实际问题，我们还有很多地方也用到了压缩的方法，小朋友们和爸爸妈妈一起讨论一下吧！